AF305742

MÉTHODE DE RADIOGRAPHIE HUMAINE

du

Dr HIPP. BARADUC

(de Paris)

LA FORCE COURBE COSMIQUE

PHOTOGRAPHIES DES VIBRATIONS

DE

L'ÉTHER

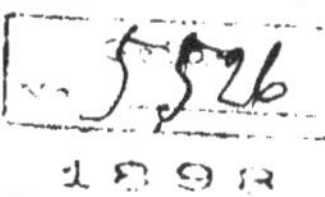

> L'Éther vibre extérieurement à nous *quand et comme* nous vibrons nous-mêmes intérieurement; il présente une *ligne courbe* différente de la ligne *droite brisée* électrique.
>
> Dr H. B.

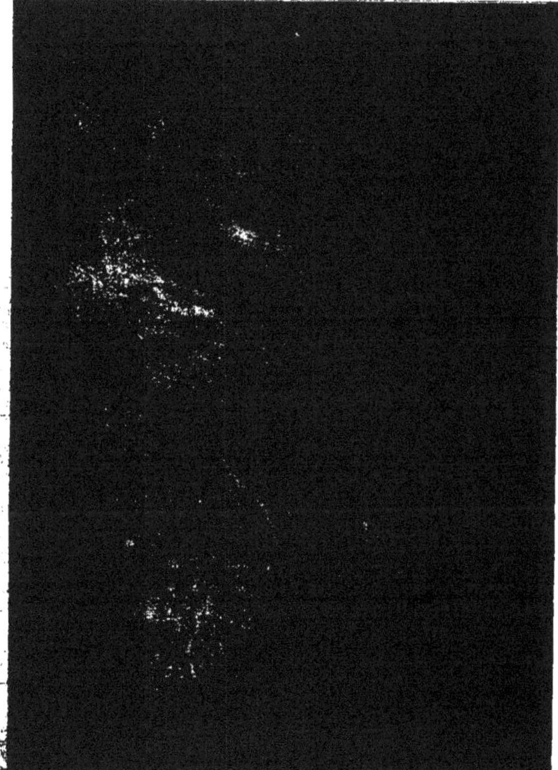

PARIS

PAUL OLLENDORFF, ÉDITEUR

28 *bis*, RUE DE RICHELIEU, 28 *bis*.

—

1897

Tous droits réservés.

LA FORCE COURBE

PHOTOGRAPHIES DES VIBRATIONS

DE

L'ETHER

LOI DES AURA

La méthode de radiographie humaine et la découverte de la Force Courbe de l'Ether Cosmique ont été mentionnées et déposées sous un pli cacheté portant le n° 5925, à l'Institut, dans la séance du 21 juin 1897.

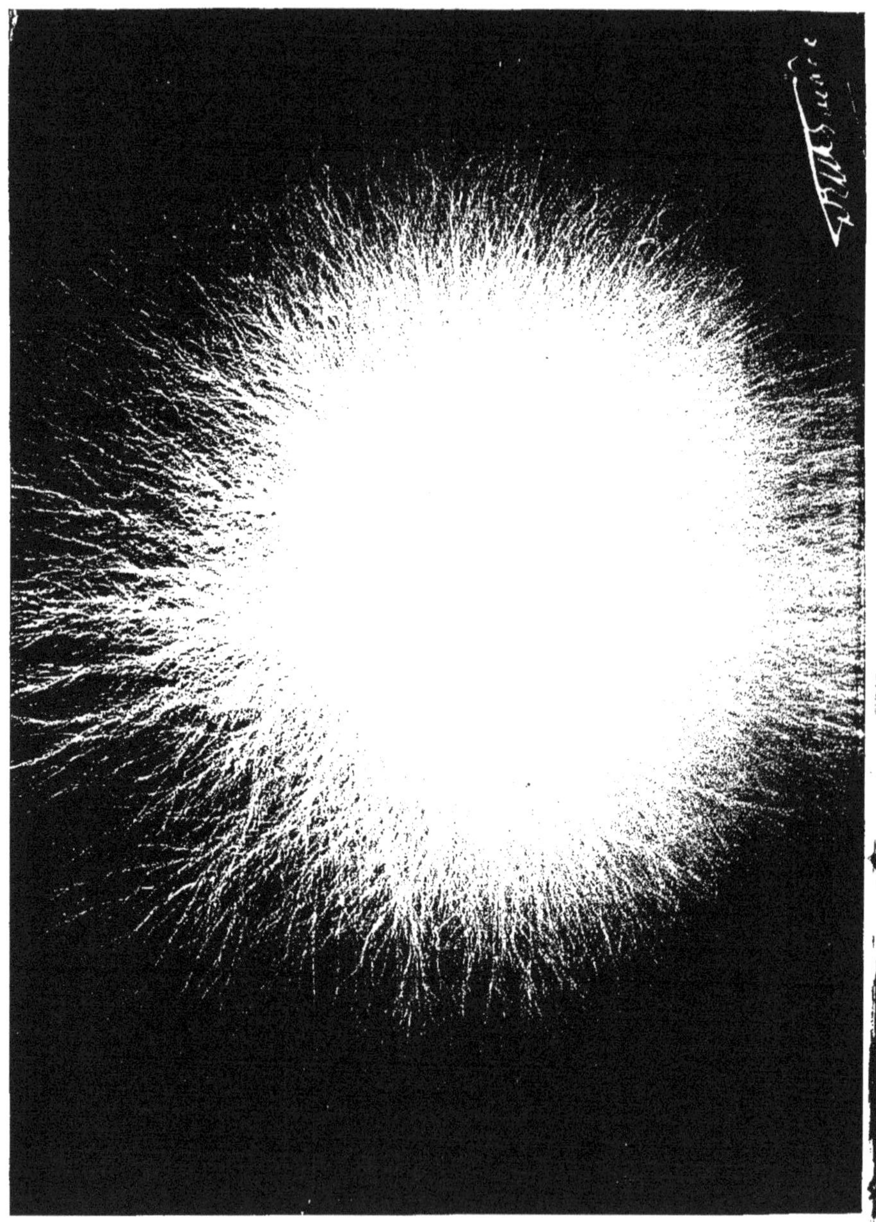

N° 1. — Gerbe d'électricité statique positive.

FORCE COURBE COSMIQUE

LOI DES AURA

Dès l'année 1893, au cours de recherches électrographiques, faites parallèlement à l'étude des vibrations lumineuses émanées du corps humain dans les maladies nerveuses, j'ai été amené à constater assez fréquemment sur les plaques photographiques une empreinte due à une force inconnue et présentant une forme différente de celle que donne l'électricité sur les mêmes plaques.

Cette empreinte ne peut être attribuée ni à un défaut de nature quelconque inhérent à la plaque, ni à aucune faute technique dans la manipulation; j'ai fait du reste à cet égard toute une série de contre-épreuves confirmatives qui ont été exposées au Congrès de photographie de Bar-le-Duc (Diplôme d'honneur), où j'ai exposé ma méthode de radiographie humaine sans contact et à distance de la pellicule.

J'ajouterai que divers expérimentateurs, opérant tant à Paris qu'en province ou à l'étranger, ont obtenu des résultats identiques lorsqu'ils ont repris le mode opératoire que j'ai indiqué, en se mettant d'ailleurs dans les dispositions personnelles nécessaires au succès de l'opération.

Ce point spécial des dispositions vibratoires personnelles sera repris plus loin ; mais je puis retenir dès maintenant que le contrôle des observations, faites par des expérimentateurs différents, a ultérieurement confirmé l'exactitude des résultats que j'ai obtenus ; quant à ces empreintes, je suis ainsi en droit de dire qu'elles résultent bien de l'action d'une cause externe, absolument indépendante **de** l'état des plaques employées pour les recueillir, comme de réactions chimiques anormales dans **le** bain révélateur.

De plus, en présence de ces impressions photographiques si différentes de celles de l'électricité, je suis obligé d'admettre l'intervention d'une force nouvelle, produite en dehors de l'électricité et sans l'intermédiaire d'un *instrument quelconque*.

Nº 2. — Impression d'une main électrisée (Jodko).

Cette force se caractérise par une empreinte dont la forme est une ligne courbe, en anse, ellipse, tourbillons, bien différente de la ligne droite brisée de l'électricité telle que nous la connaissons.

La photographie d'une gerbe électrique projetée sur une plaque (n° 1) présente en effet le caractère d'expansion fulgurante donnée par la ligne *droite brisée*. — L'opposition de ces forces ressort nettement de la comparaison des deux épreuves que je rapproche ici : l'une (n° 1) est celle de l'électricité telle que nous la produisons avec une machine statique ; l'autre (n° 10) représente un tourbillon de force courbe produite par l'action de la vitalité du corps humain ; elle a été obtenue, en effet, en étendant la main au-dessus de la plaque sans aucun appareil ni instrument, et en pleine obscurité, dans la *photosphère* de l'homme en suractivité vibratoire.

Pour obtenir la ligne droite brisée de l'électricité (n° 1), il suffit de poser la plaque sur le tabouret isolé et négatif et d'approcher une pointe de bois ; on provoque ainsi une gerbe électrique qui donne une irradiation de fluide positif bien nette (10 clichés par moi et par plusieurs opérateurs).

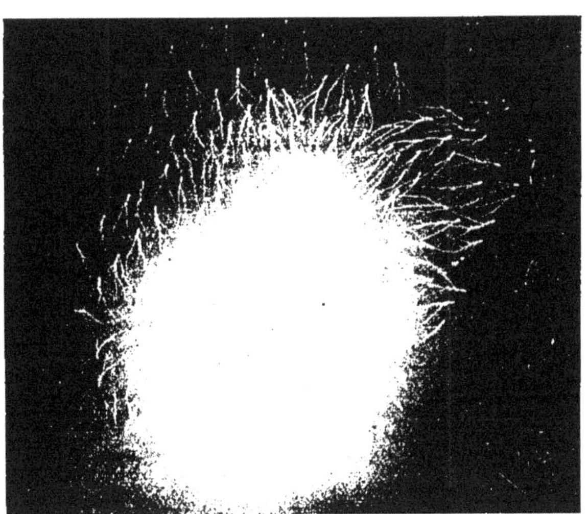

N° 3. — Électricité vitalisée. Électricité positive en lignes droites brisées
à la périphérie; fluide négatif au centre

En appliquant la main électrisée sur la pellicule (*) on obtient l'impression électrographique d'une main surélectrisée (n° 2) par une bobine Rhumkorff.

L'électrographie positive se manifeste donc toujours par sa ligne droite brisée.

Cette forme caractéristique se retrouve dans toutes les manifestations du fluide électrique positif, soit qu'il s'agisse de l'électricité produite par les machines ou par la foudre, soit qu'il s'agisse de l'électricité passant par le corps humain; les clichés obtenus par l'action de la main humaine sur la plaque sont bien *caractéristiques* suivant le mode d'opérer; dans le premier cliché (n° 2), la main est traversée par un courant électrique qui fournit ainsi les rayons droits et brisés déjà mentionnés, tandis que si la main presse simplement sur la plaque, elle donne dans l'obscurité une impression due à la compression, où l'on peut reconnaître les papilles cutanées, en même temps que l'action de la force vitale humaine; dans une troisième expérience, lorsque la main est maintenue à une certaine distance sans contact, elle donne une troisième

---

* Photographie électrographique de Iodko

FLUIDE VITAL

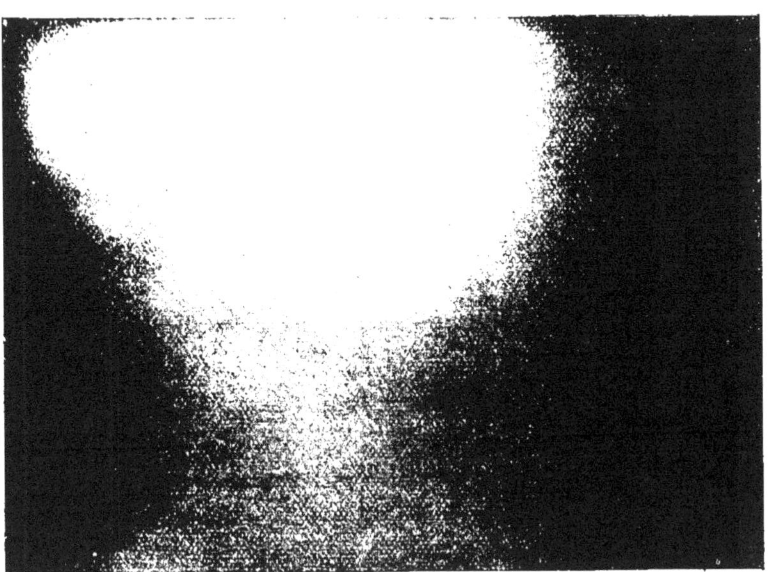

N° 4. — *Main fluidique* : nuée lumineuse de force vitale humaine exté-
riorisée par effort, sur une plaque sèche, sans contact, sans électricité
ni appareil, de la main de Mᵐᵉ D.... à Versailles juin 1894 . C'est la
première fois que j'ai obtenu d'une personne vibrante à *l'état de veille*
une impression photographique voulue, de la lumière vitale humaine,
en pleine obscurité.

empreinte due exclusivement à la force vitale intrahumaine projetée par volonté, sous la forme d'un nuage lumineux (n° 4).

On sait d'autre part que l'électricité de nos machines ordinaires ne peut traverser le verre, elle ne peut donc impressionner une plaque Lumière, lorsqu'elle exerce son action sur la face de verre opposée à la pellicule sensible, comme le fait la force vitale humaine. On peut toutefois constater qu'il n'en est plus de même pour l'électricité émanée d'une substance organique (peau de chamois) imprégnée du fluide de la main. Cette électricité, vitalisée (n° 3), pour ainsi dire, pénètre cependant le verre et se graphie aussi sur la pellicule en une fine ligne droite brisée (9 clichés par moi, plusieurs par Iodko); on s'en assurera en examinant l'épreuve ci-contre (n° 5), où l'on peut distinguer d'une part les fines brisures de l'électricité contournant la plaque de verre pour induire ces belles palmes, et d'autre part l'action du fluide vital humain représentée par une sorte de nuage.

Comme conclusion, on peut affirmer que la ligne *droite brisée* est bien la forme caractéristique de

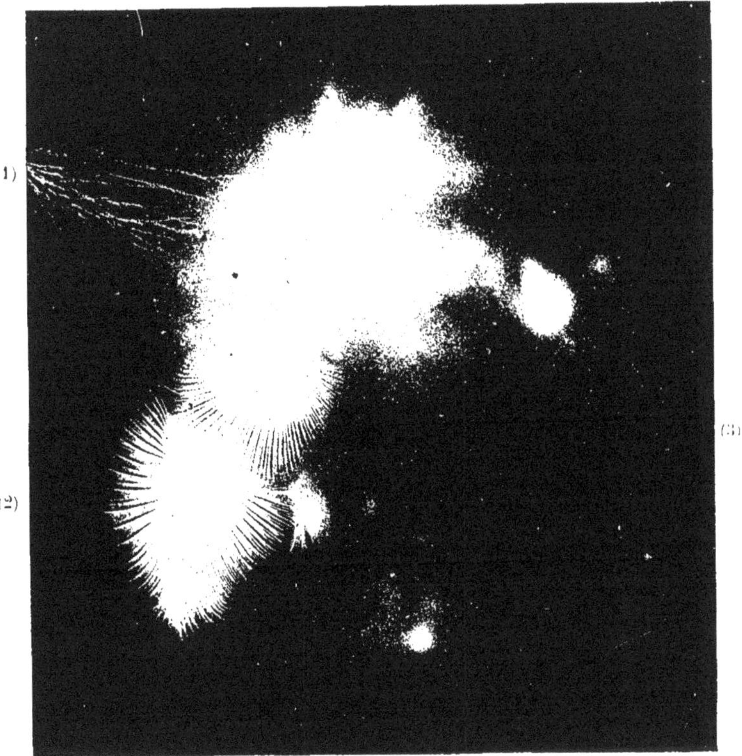

N° 5. — *Réunion des fluides électrique, courbe et vital humain.* Cette épreuve a été obtenue par moi sur le tabouret d'électricité positive, une plaque sur le front droit, au moment où je combinais l'acte de penser fortement avec un mouvement brusque d'approche et de recul vers un tampon représentant le pôle négatif extérieur. La gerbe extérieure d'électricité s'est mêlée à la vibration vitale humaine.

1. Fluide électrique positif.

2. Fluide courbe et négatif.

3. Fluide vital sous forme de pois, formant nuage lumineux.

l'action électrique telle que la réduction des sels d'argent nous la montre sur ce témoin irrécusable qu'est la plaque photographique.

FORCE COURBE COSMIQUE

AURA D'ATTRACTION

Passons maintenant à l'étude de l'impression de la plaque par la force nouvelle, que je désignerai désormais sous le nom de « force courbe » en raison de la forme de cette empreinte.

Elle se distingue de l'électricité par les caractères spéciaux suivants :

1° Par la forme de sa ligne, qui est courbe au lieu d'être droite brisée;

2° Par sa propriété de traverser le verre, qui arrête au contraire l'électricité venue de nos machines habituelles, ainsi que nous venons de le rappeler;

3° Par son mode de production indépendant de tout instrument, de tout intermédiaire opératoire électrique ou autre;

4° Par sa manifestation spontanée dans la zone

N° 6. — *Portraits photographiques*. — Pris au calme
sans contraction intérieure.

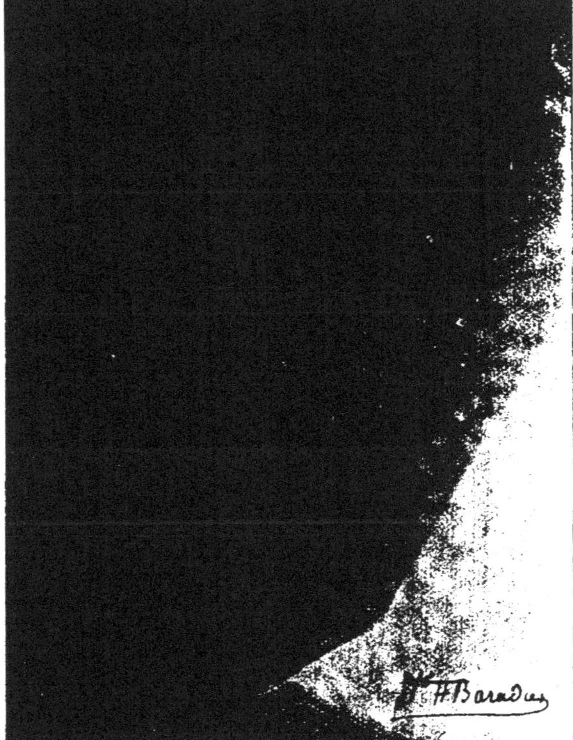

Vibration de la force courbe cosmique sous l'influence de la vibration animique de deux enfants vifs, impressionnables et rieurs,
émus par l'ordre de se tenir tranquilles donné sèchement.
Sans électricité avec appareil.)

d'atmosphère (aura) qui nous environne, lorsque nous vibrons en nous-mêmes d'une façon intérieure, lorsque notre sens intime ou notre volonté se contracte sur elle-même, attire cette force courbe, fait vibrer l'éther et nous crée une photosphère lumineuse.

Les différences caractéristiques que présentent les empreintes dues à la force courbe par rapport à celles de l'électricité apparaissent d'une façon particulièrement frappante dans le cliché (n° 6) représentant l'atmosphère vibratoire de deux enfants sympathiques arrêtés brusquement en plein rire communicatif.

L'empreinte due à la force courbe se produit donc, comme on le voit dans le voisinage du corps humain, dans la zone d'atmosphère fluidique, d'*aura* qui nous entoure; elle est de plus provoquée par l'influence de la contraction de notre force vitale intrahumaine, qui manifeste ainsi au dehors l'action interne que celle-ci subit en nous, lorsque nous éprouvons des émotions un peu fortes.

On peut considérer, à ce point de vue, que les empreintes ainsi obtenues révèlent d'une façon sen-

FORCE COURBE

ETHER PLASTIQUE

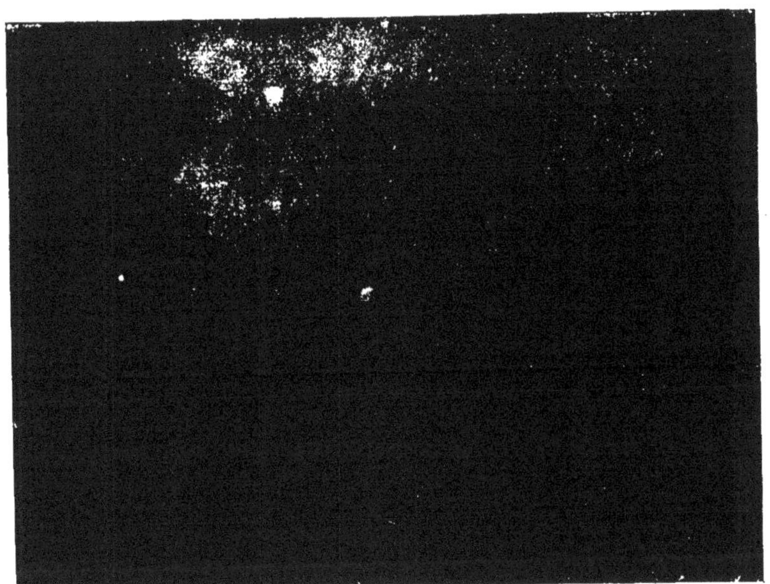

Nᵒ 7 bis. — *Force courbe* produite sur une plaque photographique mise entre la main et l'aiguille de l'appareil enregistrant cette attraction. On a ainsi la vue à la lumière rouge du mouvement de l'aiguille attirée de 5ᵒ et la photographie de cette force courbe attirée (voir nᵒ 17) sans appareil ni électricité. La main serait située en ce point obliquement à la plaque ★.

sible l'état d'âme, dirai-je, de l'opérateur qui les a provoquées ; tout se passe, en un mot, comme si les actions intimes, qui agitent l'être humain, avaient au dehors un écho, leur retentissement nécessaire dans le cosmos invisible qui nous entoure ; comme si enfin la force vitale humaine puisait dans ce cosmos son alimentation, par un mouvement d'échange continuel et identique à celui que nous opérons dans l'atmosphère extérieure pour entretenir la vie du poumon, par une vraie *respiration fluidique* de l'âme humaine.

L'ensemble des conditions de production de la force courbe peut se résumer ainsi :

1° L'éther cosmique vibre autour de nous *comme et quand* nous vibrons nous-mêmes en dedans, et cela avec un degré d'intensité qui reste d'ailleurs à préciser ;

2° Cette vibration externe cosmique dont j'ai recueilli l'empreinte sur la plaque peut dans certains cas rendre compte de notre vibration interne ou état d'âme.

Ainsi donc l'homme possède son atmosphère fluidique, son aura, cette zone que Newton, guidé

par des considérations théoriques, avait déjà en-
trevue.

L'expérience intervient ainsi pour confirmer l'in-
tuition de ce grand génie ; elle permet d'observer
de visu les deux manifestations simultanées de la
force éthérique cosmique : la *courbe* enregistrée sur
la plaque et les *déviations* de l'aiguille attirée (*), qui
manifestent en effet une action mécanique irrécusable. La photographie apporte ainsi un nouveau témoignage qui consacre cette vision de
l'esprit, et elle nous fournit un document incon-
testable sur les actions invisibles dont la vie s'accompagne.

Voici un exemple d'empreinte obtenue alors que
l'aiguille biométrique marquait 5° d'attraction vers
la main (n° 7).

D'une façon générale, les empreintes obtenues
avec la force courbe peuvent se répartir dans les
quatre catégories suivantes que je propose aux
futurs chercheurs.

(*) Pour plus facile compréhension, lire n° 17 la description du phénomène dont le n° 7 donne la photographie.

2

FORCE COURBE

ÉTHER PLASTIQUE

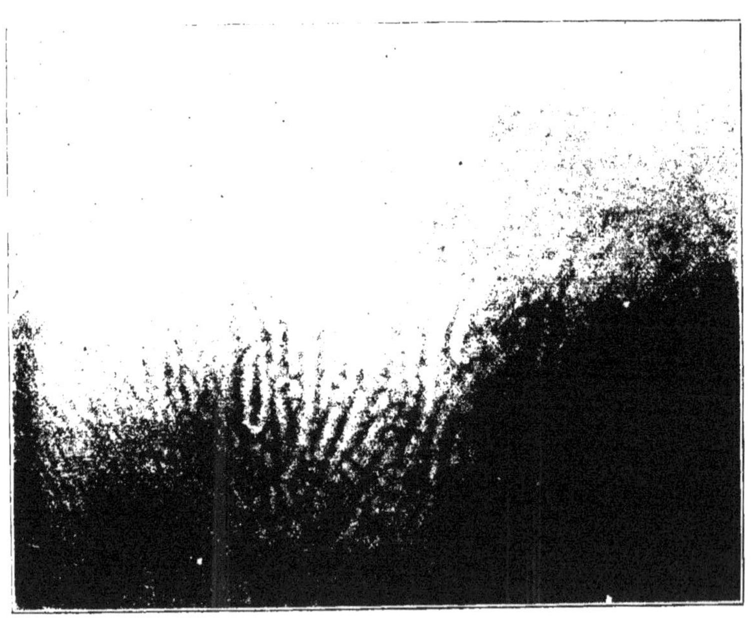

Nº 8. — Atmosphère fluidique ou aura plastique d'une jeune personne très forte et très impressive au moment du sommeil hypnotique. M. Br.... peintre photographe.

La première comprendrait les empreintes à traits épais et grossiers, telles que celles qui ont été obtenues par le Dʳ Adam et moi sur le sang en voie de coagulation.

Les clichés suivants sont relatifs à des personnes vivantes, mais qui semblent être affectées de vibrations plus calmes, pour ainsi dire plastiques, comme on peut les supposer, par exemple, dans le sommeil (n° 8) (*Éther plastique*).

Pour ces natures, la ligne est épaisse, elle ne présente qu'une courbure peu accentuée et se fragmente en une sorte de neige lumineuse.

Les empreintes ainsi obtenues présentent de gros pois dont la formation paraît correspondre à un état de réfection de la vitalité plastique pour notre personne reposée ou endormie.

Je possède quelques clichés pris dans un état de calme relatif et de réfection matérielle :

Sur certains clichés on remarque la placidité des traits qui disparaissent sous une pluie de ces flocons qui présentent une certaine analogie avec les facules solaires décrits par le père Secchi, avec les

FORCE COURBE (ÉTHER PLASTIQUE)

No 9. — Photographie nocturne de l'aura d'un cauchemar, avec appareil photographique sans électricité.

Photographie de l'aura d'une personne forte et très impressive, au repos, neige lumineuse (sans appareil photo, sans électricité.)

granulations de la photosphère solaire photogra-
phiées à Meudon (*).

Ce double cliché n° 9 montre une première
épreuve prise par une personne forte et impressive, au repos ; on y voit cette rosée de force, ces
gouttelettes de lumière harmonieusement réparties.
Dans la seconde épreuve, prise par un appareil
photographique mis dans une chambre obscure au-
dessus de la tête d'une personne endormie, on a
l'impression de l'aura du cauchemar qui avait agité
cette personne ; les flocons de neige sont violemment
séparés par une force envahissante et l'ensemble
donne une impression visuelle de désharmonie.

La deuxième catégorie comprend les empreintes
à courbures plus accentuées. Elles sont produites
par des personnes affectées d'émotions très vives,
comme l'angoisse, la colère ; le trait devient alors
plus ferme, plus dur, en même temps que la courbe
s'enroule.

Dans ces conditions, la force courbe donne des
empreintes des plus mouvementées, mais ayant

(* Voir les photographies de la photosphère du soleil rapportées dans
le premier fascicule des *Annales de l'Observatoire de Meudon* : comme si le
soleil était pour nous le foyer d'irradiations vitales, en dehors de la chaleur
et de la lumière qu'il nous donne.

FORCE COURBE

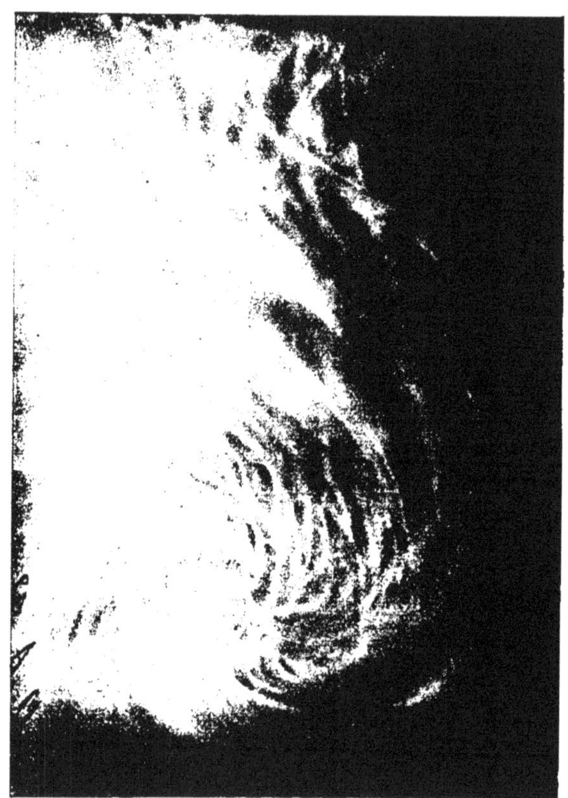

N° 10. — *Force courbe cosmique.* — *Aura vortex de tristesse.* — La main étendue au-dessus d'une plaque, l'âme très contristée et contractée. Le docteur Adam détermine dans son atmosphère une aura d'angoisse. (Sans électricité ni appareil photo.)

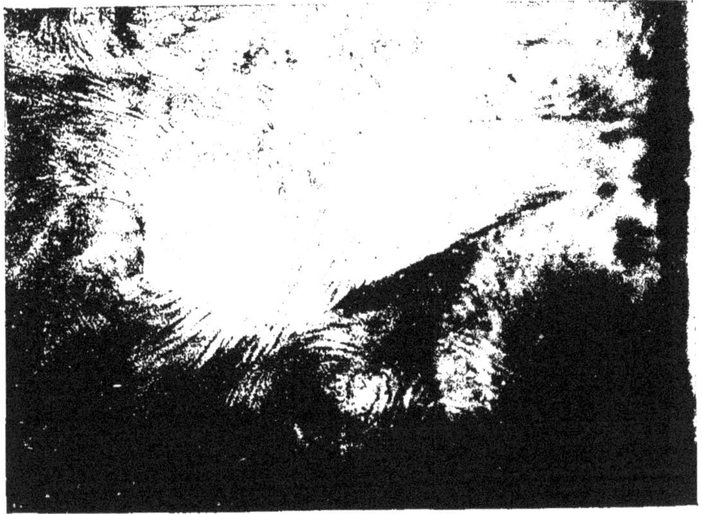

Nº 11. — *Force courbe cosmique.* — *Aura de colère.* — Tempête fluidique produite sur une plaque mise, face verre, sur le front d'une personne prise d'un violent accès de colère rentrée. Sans électricité. — Durée: 7 minutes. (C¹ Darget.) Un cliché analogue a été obtenu par moi au moment de l'agonie mortelle d'un pigeon que je n'ai pas, par suite, osé tuer.

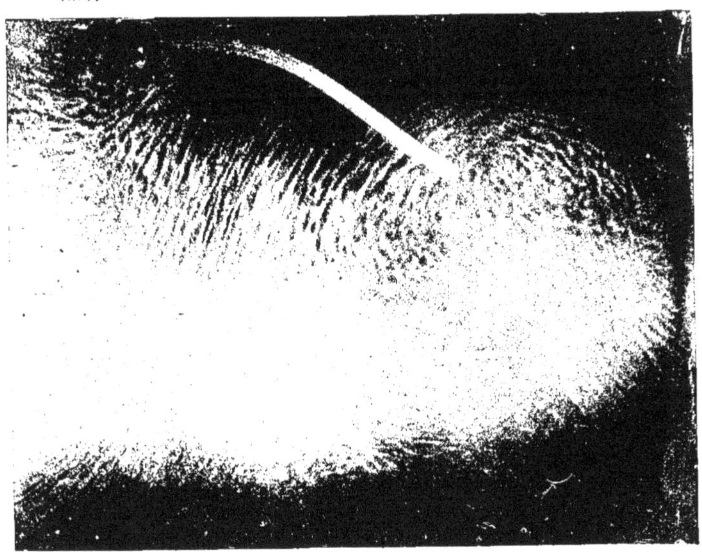

Nº 12. — *Force courbe.* — *Aura d'affection.* — Triple vortex de force courbe cosmique réuni en un seul, et formant une atmosphère fluidique fusionnée, une aura d'affection. Ce vortex a été produit par trois mains étendues sur une plaque, les trois personnes s'affectionnant, ne faisant momentanément qu'un souffle, qu'une pensée, qu'une vibration intérieure sympathique, qu'une contraction morale d'amour. Sans appareil photographique, dans une tension électrique négative.

* Éraflure faite au cliché

toujours le caractère de plus en plus incurvé, et non celui de ligne droite brisée de l'expansion électrique.

Les lignes de force de l'éther ont donc des formes variant depuis les lignes à courbure peu accusée jusqu'à celles qui sont complètement fermées : tels sont l'arc d'ellipse, l'anse, le demi-cercle, le vortex et même le tourbillon nettement dessiné (n° 10). Ces formes si différentes ne se produisent pas par simple accident, mais on peut dire, au contraire, qu'il existe une véritable corrélation entre le type qu'elles affectent et l'état d'âme qui les a provoquées (Tourbillons d'Éther).

On observe, en effet, comme je le disais tout à l'heure, que le trait reste lourd et épais, plus photochimique, lorsque l'état d'âme, le tempérament ou la nature de pensées de l'opérateur sont eux-mêmes épais, lents ou plastiques.

On trouve une confirmation de cette donnée dans l'épreuve n° 6, obtenue avec deux enfants en pleine croissance, chez lesquels les sentiments supérieurs sont moins en jeu que la vivacité de leur vitalité n'est en voie de développement.

FORCE COURBE
ÉTHER SUBTIL

Nº 13. — *Force courbe cosmique. [...] de compassion.* — Cette épreuve photographique a été obtenue au moment où la vibration intime de l'enfant plaignant la mort du faisan a fait vibrer le cosmos autour d'André en une zone fluidique d'anses fines supérieurement dirigées au-dessus de sa tête, et en un tissu réticule de sensibilité cosmique autour de l'oiseau. Sans électricité.

Aussi observe-t-on dans l'épreuve ci-contre (n° 11) une vraie tempête de vagues fluidiques dont le trait vif s'enroule ; il s'agit d'un accès de colère contenu qui a eu son retentissement dans l'invisible, lequel, comme un écho fidèle, a vibré à l'unisson de la tempête intérieure qu'éprouvait l'opérateur, désireux de vérifier sur lui-même la loi des aura que je lui avais enseignée.

Troisième catégorie. — Il n'en est plus de même lorsque l'opérateur agit sous l'influence de sentiments affectueux, intellectuels ou moraux d'un ordre plus élevé ; il provoque alors une empreinte dont le trait fin et délié se remarque immédiatement (n° 13, éther subtil).

Cette catégorie comprendrait certaines empreintes qui s'obtiennent dans des états d'âme correspondant à des émotions plus douces et plus calmes, comme l'affection vive, la compassion, etc. Le trait devient alors plus fin et plus doux, en même temps que le tracé s'amollit. On trouve ci-incluses des épreuves montrant ce type (n° 13).

La quatrième catégorie comprendrait l'empreinte

obtenue dans des états d'âme élevés, comme la méditation, le recueillement, lorsque la vibration intime de l'âme tend, en un mot, à communier plus intimement avec le milieu extérieur et à l'attirer par sa vibration intime. Le tracé prend alors une forme particulière et se redresse en perdant en partie la courbure distinctive de la force cosmique.

Ajoutons que l'action photochimique alors exercée sur la plaque photographique n'est plus aussi marquée que dans les empreintes massives de la vitalité plastique, ou aussi vive que dans les violentes aura de l'âme angoissée : l'éther semble devenir plus subtil (*).

La douce vibration de l'âme sous l'influence de sentiments affectueux, intellectuels ou moraux d'un ordre plus élevé provoque alors une empreinte dont le trait fin et délié se remarque immédiatement.

Les lignes ainsi obtenues forment un réseau harmonieux, une trame serrée d'une véritable élégance.

(*) On conçoit qu'il ne faut employer qu'une solution d'hyposulfite très faible dans tous les cas où l'action photochimique de l'impression est elle-même superficielle, au 5 %, environ.

N° 14. — *Aura de la sérénité d'âme.*

N° 15. — Aura de recueillement photographié sans électricité, avec objectif photographique.

On pourrait en conclure que nous assistons ainsi à la manifestation d'une véritable harmonie entre nos impressions intimes et l'écho qu'elles éveillent autour de nous dans le cosmos ambiant, comme si nous avions une atmosphère fluidique, une *aura*, participant à notre vie physique et morale et traduisant ce que l'on pourrait appeler la paix, la sérénité de l'âme (nᵒ 14).

On pourrait trouver en outre dans ces aura l'explication des impressions inconscientes que nous éprouvons en présence de personnes inconnues, suivant que leur atmosphère fluidique est ou non douce, pure, violente, lourde, que leur aura est ou non sympathique à la nôtre, comme le fait se retrouve particulièrement marqué chez les personnes sensitives.

Dans certains cas, comme dans l'élévation d'esprit, on obtient une aura faite de lignes radiantes d'un trait fin et délié, présentant une inflexion presque rectiligne et dessinant une véritable auréole. On en trouvera plusieurs exemples, particulièrement intéressants, dans les figures ci-contre, dont les clichés ont été obtenus sur des personnes en recueillement, soit au contact de leur front, soit à quelque distance d'elles-mêmes.

L'aspect rayonnant de ces empreintes rappelle en quelque sorte la forme des nimbes (n° 15-16).

Après toutes ces expériences, il est impossible de ne pas être immédiatement frappé de la différence que présentent ces aura, ces nimbes, ces courbes, ces vortex spontanément obtenus, avec les lignes droites brisées que donne l'électricité artificiellement produite, comme je l'ai exposé au commencement de cette étude.

TECHNIQUE

Tous les clichés, dont je rapporte dans cet ouvrage les épreuves simili-photographiques obtenues sans aucune retouche, ont été faits à distance avec ou sans objectif et, en tout cas, sans contact de la

Nº 16. — Aura obtenue durant une élévation d'esprit et de pensée, la plaque tenue hors de l'eau ordinaire par le pouce et l'index en ★ ; l'autre extrémité jusqu'aux 2 traits est immergée; la force courbe se montre, sous l'influence de la vibration interne surélevée, sur la partie humide comme sur la partie sèche voisine de mes doigts (0 clichés sans électricité.

pellicule avec l'épiderme de la main ou du corps, en employant la plaque à sec, telle qu'elle sort de sa boîte, sauf le n° 16.

Mais dans les cas où l'on fait volontairement intervenir un contact médiat, en plongeant, par exemple, la main dans le bain révélateur, sur le verre ou au-dessus de la plaque sensible, on obtient bien une ligne courbe, mais l'on pourrait à la rigueur penser qu'il s'agit peut-être alors d'une simple fluorescence ou d'une force électrique émanée de la surface de la peau.

On sait, en effet, que Tarkanoff a reconnu l'existence de cette force électrique en opérant avec un galvanomètre cutané.

Ce procédé par contact médiat et aqueux laisse intervenir des facteurs qu'élimine la *méthode sèche et à distance* que j'ai décrite pour la première fois en 1895 dans une brochure (*).

En résumé, la force courbe par méthode sèche donne des empreintes des formes les plus variées. depuis les lignes à courbure peu accentuée jus-

---

(*) Différence graphique des fluides électrique, vital, psychique.

qu'à celles qui sont complètement fermées : tels sont l'arc d'ellipse, l'anse, le demi-cercle, le vortex et même le tourbillon nettement dessiné.

Ces formes, si différentes, ne se produisent pas par simple accident, mais on peut dire au contraire qu'il existe une véritable corrélation entre le type qu'elles affectent et l'état d'âme qui les a provoquées : *ce sont les vibrations du cosmos, à l'unisson des nôtres, nos petites photosphères, lorsque nous sommes en suractivité vibratoire.*

L'emploi d'une lentille intermédiaire dans l'appareil photographique n'arrête pas la formation de l'empreinte de la force courbe; on peut même estimer, d'après certains clichés, que les rayons actinométriques émanés de cette force sont susceptibles de se réfracter, comme dans le cas habituel des rayons photogéniques ordinaires.

Dans quelques expériences bien déterminées, si l'on opère dans un milieu présentant une tension électrique appréciable suffisante pour amener la formation d'un simple souffle, on retrouve sur les clichés impressionnés à faible distance par l'attraction vitale de l'opérateur le type habituel des

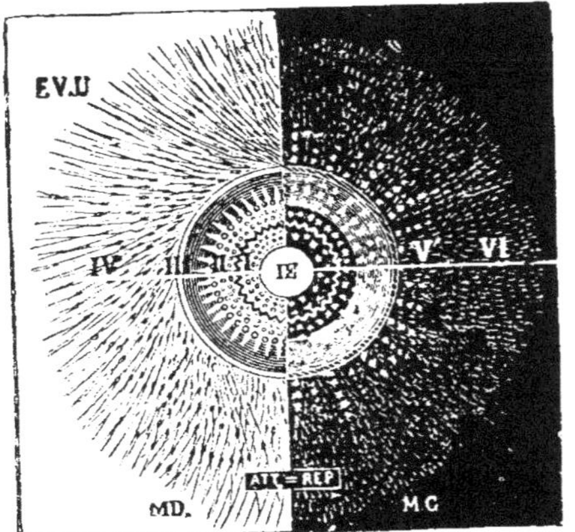

Schéma de l'Aura. — Le schéma montre à droite l'attraction de la force courbe cosmique correspondant à l'attraction de l'aiguille par la main droite, et à gauche *l'émanation fluidique humaine* correspondant à la répulsion de l'aiguille par la main gauche. L'entité humaine volontaire IE, contenue dans la vibration animo-vitale II et emprisonnée dans le corps physique III, est extérieurement entourée d'une aura (atmosphère fluidique formée de force courbe cosmique attirée par la contraction, et d'émanation humaine projetée par l'expansion de l'âme humaine, lorsque celle-ci se contracte ou se dilate.

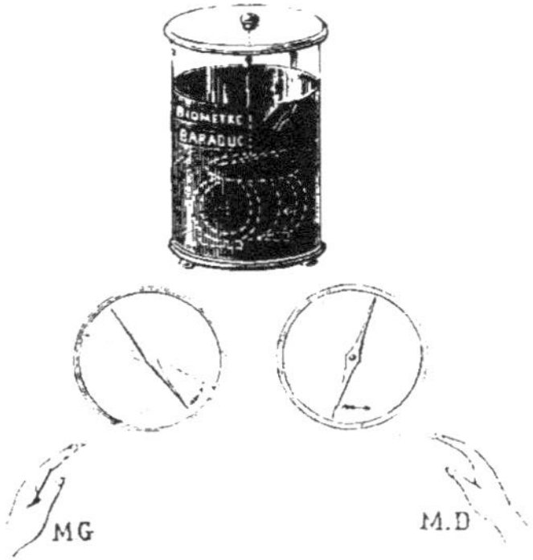

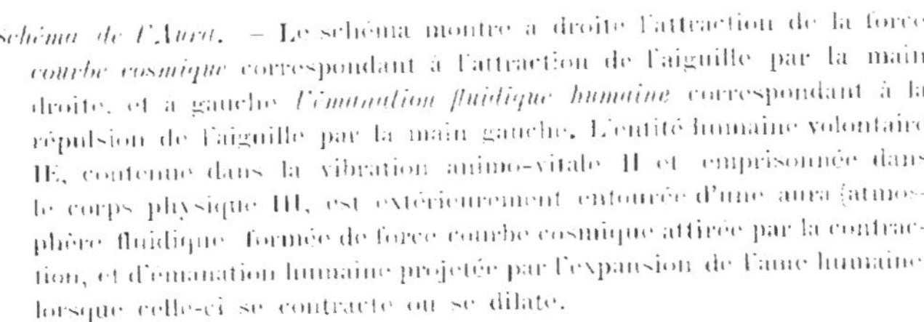

Prise d'une formule biométrique. — La main droite MD attire l'aiguille de 5°. Cette attraction *voir* cliché n° 7 produit des anses de force courbe. La main gauche MG repousse de 2° et émet des émanations fluidiques vitales sous forme de pois de perles *voir* les clichés 19, sur les plaques placées entre la main et l'aiguille. On peut ainsi lire à la lumière rouge le mouvement, attractif vers la main 5° à droite, répulsif 2° à gauche, et en développant ultérieurement les plaques on obtient les empreintes du mouvement de vie en nous, attirant de la force courbe cosmique à droite, émettant des parcelles de vie vécues à gauche; on se rend ainsi bien compte du mouvement cosmique en nous, de la vibration vitale qui constitue chaque vitalité personnelle, et dont la formule biométrique (Att. 5, rep. 2, est l'expression normale.

lignes courbes que nous venons de décrire. Si, au contraire, la tension électrique devenait plus forte, au point de provoquer la formation d'aigrettes, elle donne alors l'impression *droite brisée* qui permet facilement de la différencier de l'empreinte *courbe* particulière à la force éthérique cosmique, concomitamment obtenue ; on a alors : ligne droite brisée et ligne courbe sur la même plaque.

Il faut signaler enfin un caractère tout spécial de ces empreintes de la force courbe : elles ne se produisent pas d'une façon absolument fatale, ainsi que je l'ai déjà indiqué précédemment : l'apparition en est irrégulière, capricieuse, pourrait-on dire ; car elle dépend, en premier lieu, de certaines circonstances émotives et de ce que l'on pourrait appeler notre état vibratoire ; l'action de la volonté de l'opérateur agit aussi sur elle par une sorte d'attraction, d'aimantation ou d'induction sur la substance cosmique, qu'elle fait vibrer similairement.

Dans l'explication de ce phénomène, il y a donc une part à faire non seulement à l'influence de notre propre vitalisme, mais aussi à celle de notre volonté ferme, surélevée et concentrée ; c'est là,

AURA D'EXPANSION HUMAINE

EMANATIONS PASSIONNELLES

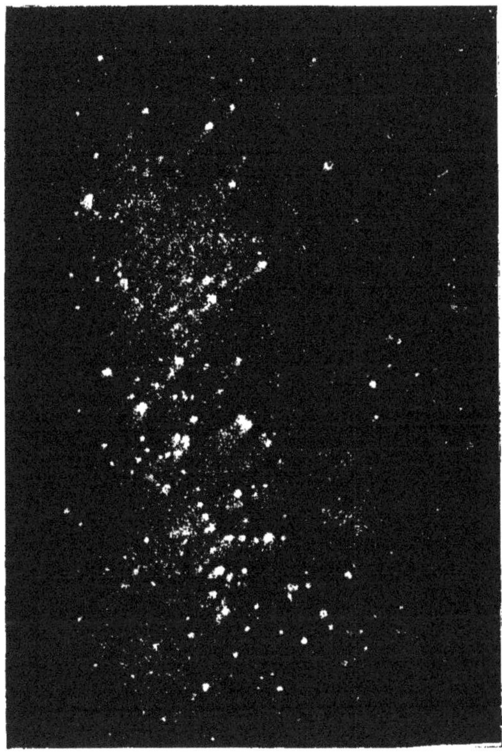

N° 18. — Émanations fluidiques humaines (clichés réduits). Ces pois fluidiques ont été produits sur une plaque restée dans son châssis de bois deux heures durant entre les deux cœurs de deux personnes s'affectionnant. Cette expérience et d'autres prouvent la réalité de la théorie de l'emprise et de l'imprégnation fluidique dans l'amour fusionnant deux centres humains de force vitale.

3

comme on voit, un trait qui la distingue radicalement de tous les phénomènes où interviennent seulement les forces physiques proprement dites.

Je dois encore ajouter que le tempérament particulier de l'expérimentateur tel qu'il nous est révélé par l'observation biométrique paraît exercer de son côté une influence très manifeste et peut-être même prédominante sur la production de ce phénomène. Nous voyons, en effet, que les impressifs, les sensitifs, qui vibrent très facilement *intérieurement* et dont la formule biométrique se traduit par des mouvements d'attraction et d'oscillation sur l'aiguille, sont par là même particulièrement susceptibles de provoquer, à un moment donné, la formation de pareilles empreintes; ce sera, du reste, lorsqu'ils se trouvent placés accidentellement sous l'empire d'une émotion un peu forte, d'un frisson interne, d'une contraction morale (n° 10).

Au contraire, les personnes de tempérament froid, dont la formule ne comporte ni attraction ni répulsion, ne provoquent généralement aucune empreinte.

AURA D'EXPANSION HUMAINE

N° 19. — *Perles volontaires*. — Ces émanations fluidiques humaines ont
été produites par une personne très énergique en face d'un appareil
photographique mis préalablement au point. L'obscurité faite, la personne durant un quart d'heure projette sa volonté sur la plaque qu'elle
veut, à travers la lentille, impressionner de sa décharge psychique.
(Nombreux clichés.)

AURA D'EXPANSION D'ÉMANATION FLUIDIQUE HUMAINE

Quant aux personnes dont la formule comporte une répulsion double, elles donnent sur la plaque des empreintes de nature complètement différente, formées surtout de grains de pois, ou petites perles, comme si leur corps était le point de départ d'une décharge invisible allant se répandre dans le milieu extérieur, comme si nous faisions éruption dans le cosmos.

On trouvera dans les clichés ci-contre quelques exemples de ce type d'empreintes que j'ai tenu à reproduire, bien qu'elles ne rentrent pas dans notre sujet, pour bien montrer la différence qui sépare *la force courbe* attirée par notre vibration, par notre contraction intérieure, de l'émanation fluidique humaine due à l'expansion passionnelle ou volontaire de notre vitalité (n°s 18 et 19).

Le tempérament vibrant de l'opérateur me semble donc un facteur capital relativement aux dispositions personnelles sur lesquelles j'insiste à nouveau; suivant que l'âme se contracte ou s'épand, l'aura est attractive ou expansive.

On pourrait ajouter que nous avons enfin, expérimentalement, l'explication des impressions inconscientes que nous éprouvons en présence de personnes inconnues suivant que leur atmosphère fluidique est ou non synchronique, sympathique à la nôtre ; cette contagion fluidique se fait principalement remarquer chez les suggérés et les sensitifs.

CONCLUSION

La découverte que je soumets au jugement éclairé des savants de cette Société me paraît établir d'une façon très nette ce *fait capital*, que la plaque photographique peut enregistrer non seulement les formes visibles, mais aussi certaines vibrations intimes vitales que notre œil ne perçoit pas et dont elle prouve ainsi l'existence. L'expérimentation commencée en 1893 et poursuivie jusqu'à présent n'a fait que confirmer les premiers résultats donnés par ma méthode de radiographie humaine (*).

(*) Voir les ouvrages : *Différence graphique des fluides électrique, vital, psychique* (95) ; *la Force vitale* 95 ; *l'Ame humaine, ses mouvements, ses lumières ; l'Iconographie en anses de la force cosmique* (96 — Ollendorff : *Annuaire international de photographie* (Plon et Nourrit (97 ; *la Chronique Médicale*, mai 1897.

Ces vibrations, provoquées par l'action de notre force vitale, nous révèlent dès lors ces mouvements d'inspiration et d'expiration exercées dans le cosmos invisible, de respiration fluidique, en un mot, dont notre vie s'accompagne nécessairement.

L'étude que j'ai pu faire est sans doute encore bien incomplète, mais j'espère qu'elle sollicitera de nos savants autorisés de nouvelles recherches susceptibles d'élucider plus complètement le problème fondamental qu'elle soulève ; c'est réellement un ordre d'idées absolument nouveau qui s'offre à nous, un coin inexploré encore des lois naturelles, que la plaque photographique nous permet d'aborder, et cela sur le point qui nous intéresse entre tous, sur ce problème fondamental de la nature humaine et de ses relations avec le monde extérieur, sur cette énigme insoluble que l'humanité agite toujours depuis l'origine du monde, l'action du soleil sur la Vie et sur notre existence.

Comme des recherches ultérieures sont venues confirmer les prévisions qui me paraissent se dégager des premiers résultats obtenus, nous pouvons en conclure avec une certitude qui n'a pu être atteinte

Nº 20. — Aura. Vibrations d'éther par l'attraction concentrée de la volonté.

jusqu'à présent que l'homme n'est pas isolé dans le cosmos, mais qu'il est environné de *forces* visibles et invisibles, qu'il absorbe et rejette tour à tour; dans l'échange incessant qu'il opère avec le milieu ambiant, il devient le centre de véritables afflux de force cosmique, dans lesquels il serait facile de retrouver, du reste, quelque chose des tourbillons de Descartes ou des conceptions de la sagesse antique. Par les mathématiques, Max-Wel est également arrivé à la conception d'une courbe pour l'éther.

Serait-il permis d'y rechercher aussi une explication de ces récits merveilleux qui nous laissaient toujours un peu incrédules, comme ces visions de trame de vie, de voile de lumière, ces nimbes de gloire, qu'ont pu entrevoir au cours de l'histoire certains êtres spéciaux, voyants ou illuminés? Nous pourrions supposer, en effet, que ces êtres particuliers, en quelque sorte, participaient dans une communion plus intime avec les vibrations du cosmos, arrivaient ainsi à percevoir les effluves de l'éther qui restent invisibles pour la presque universalité des hommes. Aujourd'hui la plaque photographique nous permet à tous d'entrevoir ces forces cachées, et elle soumet ainsi le merveilleux à un contrôle irrécusable, en le faisant rentrer dans le domaine naturel de la physique expérimentale.

La photographie nous permet, en un mot, d'affirmer avec preuves à l'appui :

1° Que le cosmos invisible et inconnu désigné sous ces différentes dénominations d'éther, de force substance, d'*akasa*, de force vitale, etc., vibre à l'unisson, c'est-à-dire *quand et comme* nous vibrons nous-mêmes dans les parties les plus subtiles de notre for intérieur : LOI DES AURA, et que cette aura constitue une sorte de photosphère lumineuse ;

2° Que les différentes modalités vibratoires de l'éther de cette force universelle se présentent relativement à nous sous la forme d'une ligne courbe, d'où ce nom, sur lequel tout le monde pourra s'entendre : « LA FORCE COURBE COSMIQUE. »

Dᴿ HIPPOLYTE BARADUC

(de Paris).

N° 21. — Vibrations de l'éther subtil.

ERRATUM

Page 34. — *Au lieu de :* soit au contact..., *lire pour plus ample explication :* soit au contact de leur front par la face verre de la plaque occluse dans son enveloppe (procédé portatif), soit à quelque distance d'elles-mêmes par la photographie dans le noir avec appareil (procédé de laboratoire obscur).

PARIS. — IMP. HEMMERLÉ, 2, 4 ET 4 BIS, RUE DE DAMIETTE. — 172.

www.ingramcontent.com/pod-product-compliance
Ingram Content Group UK Ltd.
Pitfield, Milton Keynes, MK11 3LW, UK
UKHW031805170726
13836UKWH00003B/1198